石油化工过程装备使用维护与检修技术指南

第一册

中国特种设备检测研究院

中国石化出版社

图书在版编目（CIP）数据

石油化工过程装备使用维护与检修技术指南／中国特种设备检测研究院编著．—北京：中国石化出版社，2014.1(2023.8 重印)
ISBN 978－7－5114－2566－9

Ⅰ．①石… Ⅱ．①中… Ⅲ．①石油化工设备－维护－指南②石油化工设备－检修－指南 Ⅳ．①TE960.7－62

中国版本图书馆 CIP 数据核字（2013）第 305567 号

未经本社书面授权，本书任何部分不得被复制、抄袭，或者以任何形式或任何方式传播。版权所有，侵权必究。

中国石化出版社出版发行
地址:北京市东城区安定门外大街 58 号
邮编:100011　电话:(010)57512500
发行部电话:(010)57512575
http://www.sinopec-press.com
E-mail:press@sinopec.com
北京艾普海德印刷有限公司印刷
全国各地新华书店经销
*
880×1230 毫米 16 开本 3.5 印张 78 千字
2014 年 1 月第 1 版　2023 年 8 月第 2 次印刷
定价：48.00 元

序　言

近年来，基于建设国际新型能源公司的目标，以及自身创新、发展、提升国际竞争力的需要，国内一些大型石油化工企业对所属主要炼油、化工生产装置提出了长周期运行的要求。目前，主要化工生产装置的连续运行周期平均达到四年以上，主要炼油生产装置也实现了三年以上的连续运行。炼油、化工装置的长周期运行，使各企业对所属过程装备的维护检修要求，以及维护检修的质量标准都发生了很大的变化。当前，针对石化过程装备维护与检修的相关技术规范和作业指导文件相对缺乏，远远不能满足检维修技术管理与生产力发展的需要。

为此，中国特种设备检测研究院组织编制了《石油化工过程装备使用维护与检修技术指南》丛书。丛书针对石化过程装备的选型、安装、检修、维护与使用等在役环节的管理，给各生产企业及检维修企业的技术、管理人员提出建议和指导，有助于企业逐步提高技术管理水平，减少和避免因检修或使用维护不当引发的安全、质量与环境污染等问题。

我们诚挚地希望，《石油化工过程装备使用维护与检修技术指南》丛书能够帮助读者解决过程装备在使用维护与检修管理中的实际问题；同时，也希望这套丛书能成为今后统一检维修技术服务标准，建立与石油化工装置长周期、安全、高效运行相适应的维护检修技术标准体系的一个有益尝试。

在此，我对中国石化炼油事业部、化工事业部的有关领导和专家在丛书策划与编制过程中给予的大力支持表示由衷的感谢！对每一位参与技术指南编制工作的专家付出的辛勤劳动表示由衷的感谢！

中国特种设备检测研究院院长　林树青

目　录

石油化工装置压缩机用干气密封使用维护技术指南

石油化工装置离心压缩机组状态监测系统应用技术指南

石油化工装置机泵在线监测系统应用技术指南

CSEI 石油化工过程装备使用维护与检修技术指南

石油化工装置压缩机用干气密封使用维护技术指南

前　言

为满足石油化工企业对压缩机用干气密封使用维护的需要，解决干气密封使用管理中的常见问题，为石油化工装置压缩机用干气密封的选型、安装、修理、使用和维护提供指导，特制定本技术指南。

本技术指南由中国特种设备检测研究院组织编写。2013 年 5 月，中国特检院与中国石化成立工作组，在中国石化炼油事业部和化工事业部的大力支持下，于2013 年5 月至6 月间，对 9 家炼化企业石油化工装置压缩机用干气密封的使用状况以及 3 家制造企业的设计、制造与维修服务情况进行了调研。工作组于 2013 年 8 月完成了技术指南的初稿，2013 年 9 月和 10 月分别以信函和讨论会的形式在行业内征求意见，2013 年 11 月《石油化工装置压缩机用干气密封使用维护技术指南》讨论定稿。

主要编写人员：王华东、蔡隆展、郭　建、刘如炎、何文丰、戴　澄、朱　哲

本技术指南在编写过程中得到中国石化北京燕山分公司、天津分公司以及约翰克兰科技（天津）有限公司、四川日机密封件股份有限公司有关专家的支持和帮助，在此表示感谢。

由于时间仓促和编者水平有限，本指南虽然经多次修改，内容的深度和广度仍显不足，在使用过程中，如发现需要修改补充之处，请将意见和有关资料提供给主编单位，以便今后修订时参考。

石油化工装置压缩机用干气密封使用维护技术指南

1 总则

针对石油化工装置压缩机用干气密封使用中存在的问题，为了提高其运行可靠性，满足石油化工装置压缩机长周期运行的需要，特制定本技术指南。

2 适用范围

本指南给出了压缩机用干气密封的选型、安装、修理以及操作维护等方面的建议和指导，适用于石油化工装置离心压缩机用干气密封的使用维护管理。

3 规范性引用文件

下列文件中的条款通过本指南的引用而成为本指南的条款。凡是未注明版本日期的引用文件，使用者应尽可能使用其最新版本。

JB/T 11289—2012　干气密封技术条件

API 614　石油、化工和气体工业用润滑、轴密封和控制油系统及辅助设备

API 617　石油、化学和气体工业用轴流、离心压缩机及膨胀机－压缩机

4 术语和定义

4.1 干气密封

气体润滑端面密封，属于非接触式气体润滑机械密封，简称干气密封。

[JB/T 11289—2012，定义 3.1]

4.2 串联式布置

压缩机干气密封一种结构型式，由两级密封组成，前级密封为主密封，后级密封为安全密封，前级密封承受压力高于后级密封。

[JB/T 11289—2012，定义 3.2]

4.3 带中间迷宫的串联式布置

压缩机干气密封的一种结构形式，由两级干气密封及其中间设置的迷宫密封组成。

[JB/T 11289—2012，定义 3.3]

4.4 隔离密封

压缩机干气密封为避免轴承润滑油污染密封本体所采用的一种密封形式，位于干气密封本体和轴承箱之间。常用结构为迷宫密封或碳环密封。

[JB/T 11289—2012，定义 3.6]

4.5 迷宫密封

一种由一系列节流齿隙和齿间空腔构成的非接触式密封，主要用于密封气体介质。迷宫密封俗称梳齿密封。

[JB/T 11289—2012，定义 3.7]

4.6 碳环密封

用碳石墨作浮动环、依靠环形间隙内的流体阻力效应而达到阻漏目的的一种密封形式，可用于密封气体介质和液体介质。

[JB/T 11289—2012，定义 3.8]

4.7 密封气

在压缩机单端面干气密封中指引入密封端面处的气体。

在压缩机用双端面干气密封中指引入两对密封端面之间的气体。

[JB/T 11289—2012，定义 3.12]

4.8 前置气

压缩机双端面干气密封中引入介质侧密封端面与压缩机工艺气腔室之间的气体。

[JB/T 11289—2012，定义 3.13]

4.9 隔离气

压缩机干气密封中引入隔离密封之间的气体。

[JB/T 11289—2012，定义 3.14]

4.10 一级密封气

压缩机串联式或带中间迷宫密封的串联式干气密封中引入介质侧密封端面处的

气体。

[JB/T 11289—2012，定义 3.16]

4.11 二级密封气

压缩机带中间迷宫的串联式干气密封中引入的大气侧密封端面处的气体。

[JB/T 11289—2012，定义 3.17]

4.12 泄漏气

压缩机单端面干气密封的密封端面和隔离密封之间的泄漏气体，由经干气密封端面漏出的气体和经隔离密封内侧漏出的气体组成。

压缩机双端面干气密封中的大气侧密封和隔离密封之间的泄漏气体，由经大气侧干气密封端面漏出的气体和经隔离密封内侧漏出的气体组成。

[JB/T 11289—2012，定义 3.18]

4.13 一级泄漏气

压缩机串联式干气密封中的介质侧密封和大气侧密封之间的泄漏气体，由经介质侧密封端面漏出的气体组成。

压缩机带中间迷宫密封的串联式干气密封中的介质侧密封和大气侧密封之间的泄漏气体，由经介质侧密封端面漏出的气体和经中间迷宫漏出的气体组成。

[JB/T 11289—2012，定义 3.19]

4.14 二级泄漏气

压缩机串联式干气密封或带中间迷宫密封的串联式干气密封中的大气侧密封和隔离密封之间的泄漏气体，由经大气侧密封端面漏出的气体和经隔离密封内侧漏出的气体组成。

[JB/T 11289—2012，定义 3.20]

4.15 集装式结构

将密封的旋转组件和静止组件全部组合成一个整体的密封（包括摩擦副零件、弹性元件、压盖和轴套），装配时已经预先调整好密封压缩量。

[JB/T 11289—2012，定义 3.21]

4.16 最大连续转速

压缩机所能连续运转的最高转速。

[JB/T 11289—2012，定义 3.24]

4.17 最大工作压力

压缩机在规定的流体和最高工作温度下工作时，制造商设计的最高持续压力。
[JB/T 11289—2012，定义 3.25]

4.18 干气密封系统

干气密封系统是指干气密封和辅助支持系统的统称。

4.19 辅助支持系统

辅助支持系统是为干气密封提供连续洁净、干燥的气体并能监控干气密封的运行状况，确保干气密封长周期安全稳定运行的所有设施。

4.20 干燥除湿分离单元

干燥除湿分离单元是为主密封气提供干燥的气源，确保进入密封腔体的介质温度在露点以上的设施。一般由除液罐、加热设施和监测仪表组成。

4.21 过滤单元

过滤单元是保证进入密封腔体的密封气洁净的设施，一般由粗过滤器及精过滤器组成。

4.22 调节单元

调节单元是控制密封气注入的流量和压力的调节设施，一般由调节阀、节流阀、限流孔板等组成。

4.23 监测单元

监测单元是监测密封气注入及泄漏的设施。

4.24 隔离气单元

隔离气单元是防止轴承润滑油对干气密封造成污染的设施。

4.25 增压单元

增压单元是为压缩机开车或停车过程中，保证一级密封气注入密封腔的设施。一般由增压泵和缓冲罐组成。

4.26 前置气单元

前置气单元是确保前置气的清洁、干燥及流量的设施。

5　干气密封选型

5.1　结构型式选择

输送有毒、有害、可燃、易爆介质的离心压缩机组的密封系统宜选用干气密封。干气密封常用结构型式有四种，分别是单端面干气密封、双端面干气密封、串联式干气密封、中间带迷宫密封的串联式干气密封。

不同工况的压缩机应选用不同型式的干气密封，干气密封宜采用集装式结构，选择的推荐方案如下：

5.1.1　方案一：单端面密封

适合工况：允许少量工艺介质泄漏到大气中无危害的工况，如空气、氮气或二氧化碳压缩机。

5.1.2　方案二：双端面密封

适合工况：

a）不允许工艺介质泄漏到大气中，但允许少量密封气（如氮气）进入机体内的工况。

b）输送介质为有毒、有害、洁净度差气体，入口压力较低或负压的压缩机，如各种富气压缩机、干气压缩机等。

5.1.3　方案三：串联式干气密封（带中间迷宫）

适合工况：

a）既不允许工艺气泄漏到大气中，又不允许密封气进入机体内的工况应选择带中间迷宫的串联密封。

b）输送介质为可燃、易爆、有毒、具有较大危险性气体的压缩机，如氢气压缩机、乙烯压缩机、丙烯压缩机、富含硫化氢天然气压缩机等。

c）新压缩机推荐选择此型式的密封。

5.1.4　方案四：串联式干气密封（不带中间迷宫）

适合工况：主要用于密封腔轴向尺寸比较短的改造机组，或需要对一级泄漏的工艺气体需要回收的机组。

5.2　动环槽形选择

干气密封动环槽型的选择应根据压缩机防倒转措施的可靠性和密封腔压力高低确定。

5.2.1　防喘振措施完善，压缩机出口有单向阀，系统有紧急泄压装置，在压缩机紧急停车时不会出转子倒转情况，以及密封腔压力大于13MPa时，应优先考虑选择气膜刚度强，稳定性较好的单向螺旋槽的密封。

5.2.2 紧急停车时可能会出现转子倒转情况的压缩机，应选择双向螺旋槽的密封 。

5.2.3 无论选择何种结构或槽形的密封，都应满足机组盘车和低速暖机工况。

5.3 隔离气密封的选择

隔离气密封可选用迷宫密封或碳环密封。

6 辅助支持系统配置

不同型式的干气密封应选择不同配置的辅助支持系统，配置方案推荐如下：

6.1 串联式干气密封的配置方案

辅助支持系统配置至少应包含过滤单元、调节单元、监测单元、隔离气单元。干燥除湿分离单元、增压单元按需配置。

6.1.1 干燥除湿分离单元

主密封气进入密封腔的温度不能满足高于露点温度20℃以上要求的压缩机应配置。主密封气进入密封腔处应配置温度监测设施，除液罐应设置带远传信号的液位测量仪表，除液罐进出口应设置带远传信号的差压变送器。加热设施应能满足各种工况下密封气的温度要求。

6.1.2 过滤单元

过滤单元由两台过滤精度不低于3μm的过滤器并联组成，一开一备。过滤单元设带远传信号的差压变送器。当密封气在最低工作温度出现冷凝气时，应在聚合式过滤器出口配置冷凝式收集器。

6.1.3 调节单元

一级密封气与参考气之间应有压差调节、流量控制的设施，设压差、流量就地显示及DCS远传。

6.1.4 监测单元

应有监测一级密封泄漏参数的测量及报警联锁设施。

6.1.5 隔离气单元

在隔离密封与干气密封之间腔室设有检查积液情况的设施，隔离气压力应作为机组开车前润滑油泵启动联锁条件之一。

6.1.6 增压单元

现场气源压力不能保证干气密封在压缩机开、停车的全过程中有可靠密封气注入的应配置。增压单元应能满足在压缩机启停机时干气密封对密封气的需要。

6.2 双端面干气密封的配置方案

辅助支系统配置至少应包含前置气单元、过滤单元、调节单元、监测单元、隔离气单元等。

6.2.1 前置气单元

应满足前置气在轴端密封处的流量的调节需要。

6.2.2 过滤单元

应满足6.1.2的要求。

6.2.3 调节单元

应满足工作气源压力的稳定供应。

6.2.4 监测单元

应有监测主密封气与压缩机平衡管高压端之间差压的测量、报警联锁设施，以及流量监测设施。设压差、流量就地显示及DCS远传。

6.2.5 隔离气单元

应满足6.1.5的要求。

6.3 单端面干气密封的配置方案

辅助支系统配置至少应包含过滤单元、调节单元、监测单元、隔离气单元等。

6.3.1 过滤单元

应满足6.1.2的要求。

6.3.2 调节单元

应满足6.1.3的要求。

6.3.3 监测单元

应有监测密封气泄漏参数的测量及报警联锁设施。

6.3.4 隔离气单元

应满足6.1.5的要求。

7 出厂试验与验收

7.1 总体要求

干气密封系统的所有检查和试验均应不低于JB/T 11289—2012的试验要求进行。

7.2 出厂验收

干气密封系统的出厂验收包括表1的内容。

表1　干气密封的出厂验收

项　　目	见证试验	非见证试验	试验报告
动环超速试验	—	√	√
静态试验	√	—	√
运转试验	√	—	√
超速试验	√	—	√
启停试验	√	—	√
试验之后的解体检查和记录	√	—	√
密封系统控制盘气密试验	—	√	√
强度试验	—	√	√
清洁度试验	—	√	√

注：上表中"√"表示此项目需要进行并提供试验报告。

7.3　试验要求

干气密封旋转部件应进行动平衡试验，试验按 ISO 1940 进行，动平衡精度等级不低于 GB/T 9239.1—2006 的 G2.5 级，

干气密封动环应进行超速试验，试验转速为机组最大连续转速 115%。

干气密封动态试验时间不少于 2h。

8　检修与安装

8.1　检查内容及要点

8.1.1　对干气密封系统检修前应进行检查，检查内容至少包括：停机操作、干气密封部件、密封控制系统、密封管路系统以及相关设施。

8.1.2　检查停机过程是否有危及干气密封可靠性的工况发生（如反转、逆序操作等）；

密封部件是否满足继续使用的要求；监测控制系统是否满足继续运行要求；密封系统相关部位和管线是否有积液和异物情况；密封气管线的清洁程度是否满足要求；气源压力等参数是否符合要求等。

8.1.3 机组检修前，要将机组与装置系统相连接管线处加装盲板隔离。在盲板加装之前，保证密封气继续投用。

8.2 干气密封的修理

8.2.1 运行一个检修周期更换的旧密封或在运行过程中出现异常更换的旧密封，宜整体运回密封修理单位拆检，对损坏程度不严重的可修复使用。

8.2.2 干气密封的修理单位应是密封生产厂家或其他有资质的单位。

8.2.3 同一套密封重复修复不宜超过三次，当动、静密封厚度减薄总量超过 0.2mm 时不宜再修复使用。

8.2.4 对于库存干气密封在使用之前是否应返回厂家进行检查或试验，根据辅助密封圈的总寿命决定。一般库存时间加预计运行时间不宜超过 8 年。

8.2.5 干气密封的修复和试验，宜按照新密封的标准进行验收。

8.2.6 密封在拆检和试验阶段，使用单位宜派人到现场见证。

8.3 辅助支持系统的安装与检修

8.3.1 管线设计要求

系统管线配置应符合设计文件的规定并满足以下要求：

8.3.1.1 一级泄漏气管线应单独与装置放火炬管线沿线的高点连接，并且接口位置应在火炬管线的顶部，避免火炬管线内积液沿放空管倒灌密封，造成密封损坏。

8.3.1.2 气源到干气密封控制盘的配管应避免“U”形布置，如确需“U”形布置时，应在低点设导淋阀。

8.3.1.3 中、高压干气密封系统排液管线、主密封气除液罐及过滤器前后设置双阀。

8.3.1.4 所有与装置系统连接的管线应设有与系统隔离的设施，以满足干气密封检修和调试的需要。

8.3.2 安装与检修要求

8.3.2.1 当设计单位未对系统控制盘现场安装位置进行规定时，可由用户确定安装位置，一般宜靠近机组，便于管道连接的位置；出入通道要便于设备操作、维护和检修；留有足够的空间用于元件的拆检与安装。

8.3.2.2 干气密封系统工艺气管线宜采用对焊结构。现场管线焊接时应采用氩弧焊，连接之前应彻底清洁管件内部。并保证新配管线可以在现场无干涉拆下，方便配管后进行管路处理和检查。

8.3.2.3　配管结束后对新配管路进行酸洗、钝化、吹扫。

8.3.2.4　现场管线处理合格后方可与密封系统控制盘管线对接。现场管线与系统控制盘管线连接后，用经系统过滤后的干净气体连续吹扫4～6h，用清洁的白布或绸布在出气口检查，5min内无明显污物为合格。

8.4　干气密封的回装

8.4.1　干气密封回装前应对管路进行吹扫，检修中拆装的管线连接后应进行气密检查。

8.4.2　干气密封及系统现场安装由密封生产厂家的服务工程师完成时，安装人员应有现场经验和在同类型机组上安装过多套同类型密封的业绩。现场安装由其他人员完成时，安装人员应经过密封生产厂家的技能培训并取得相应的资格许可，并在密封生产厂家技术人员现场指导下可进行密封安装作业。

8.4.3　密封的安装程序及质量控制标准应符合密封生产厂家的安装作业指导书的要求。

8.4.4　工艺介质发生变化时应对露点温度进行核算，并采取措施使现有系统能满足主密封进气温度高于露点温度20℃以上的要求。

8.4.5　干气密封回装后应按密封生产厂家提供的试验报告和作业指导书进行静压试验。

9　操作与维护

9.1　总体要求

干气密封系统的投用、操作与维护应符合密封生产厂家提供的操作说明书和操作规程的要求。

9.2　投用原则

9.2.1　压缩机启动时

先投用干气密封辅助支持系统，后投用机组润滑油系统。辅助支持系统投用先投用一级密封气，再投二级密封气，最后投用隔离气。

9.2.2　压缩机停机时

在机组润滑油系统停止运行前不可停用密封辅助支持系统，辅助支持系统宜在润滑油系统停止运行20min后按以下顺序进行停用操作：

先停隔离气，再停二级密封气，最后停一级密封气。当机体内压力大于大气压力时，均不能停止一级密封气、二级密封气对机体的供气。

9.3 使用操作

9.3.1 机组启动时操作满足以下要求：

a）先投用一级密封气，再充压建立机体内气体压力。

b）投用一次密封气后，再投用二次密封气。

c）通过自增压系统等方式，始终保持一级密封气比平衡管内气体压力高且有流量。

d）投用所有流量计时，缓慢开启上下游阀门。

e）先投用隔离气，再开润滑油泵。

f）确保密封气和氮气的干燥和连续供给。

g）确保放火炬和放空的背压小于进入干气密封的密封注入气压力。

h）在投用密封气前应先检查过滤器清洁及排放情况。

9.3.2 机组停车时的操作满足以下要求：

a）先将机体内压力完全放空，再停一级密封气。

b）先停用二次密封气，再停用一级密封气。

c）在工艺介质排空前，通过自增压系统等方式，始终保持一级密封气比平衡管内气体压力高且有流量。

d）先停润滑油泵，再停隔离气。

e）正常停机时压缩机卸压速率要符合密封生产厂家操作说明的要求，异常停机时应减缓卸压速率。

9.4 日常维护

9.4.1 除湿器滤芯、主密封过滤器滤芯及氮气过滤器滤芯定期进行检查、更换。

9.4.2 保持主气密封伴热畅通，电加热器工作正常，主密封气体入机前温度高于工艺气的露点温度20℃以上。

9.4.3 参数偏离正常工况要及时查明原因。

9.4.4 监控过滤器压差，并按要求切换和清洗过滤器。

9.4.5 定期检查干气密封腔与隔离密封间的干燥情况。

10 干气密封的存放

10.1 干气密封应存放在环境清洁、干燥、通风的库房室内，室内温度控制在15～25℃之间，相对湿度低于75%，避免靠近热源和太阳光直射。

10.2 干气密封应以整体集装单元形式存放，包装箱内应保持干燥，并定期检查干燥剂的失效情况。

11 附则

本技术指南由中国特种设备检测研究院负责解释。

CSEI 石油化工过程装备使用维护与检修技术指南

石油化工装置离心压缩机组状态监测系统应用技术指南

前　言

为适应设备状态监测与诊断技术的发展，满足石油化工企业对建立离心压缩机在线监测系统的需要，为石油化工装置离心压缩机状态监测系统的设计、安装、验收、使用等提供指导，特制定本技术指南。

本技术指南由中国特种设备检测研究院组织编写。

主要编写人：王华东、郭　建、孙国栋、王树丰

本技术指南在编写过程中得到中国石化北京燕山分公司、天津分公司、高桥分公司、扬子分公司、镇海炼化分公司以及 GE 本特利公司、ALSTOM 创为实公司等单位有关专家的支持和帮助，在此表示感谢。

由于时间仓促和编者水平有限，本指南虽然经多次修改，内容的深度和广度仍显不足，在使用过程中，如发现需要修改补充之处，请将意见和有关资料提供给主编单位，以便今后修订时参考。

石油化工装置离心压缩机组状态监测系统应用技术指南

1 总则

为满足石油化工企业对建立离心压缩机状态监测系统的需要，指导和规范压缩机状态监测系统的设计、安装和验收，提高压缩机组运行可靠性，特制定本技术指南。

2 适用范围

本指南给出了石油化工装置离心压缩机组状态监测系统的总体设计、功能设置、系统安装、和验收等方面的建议和指导，适用于石油化工装置离心压缩机组状态监测系统的总体设计与安装验收。烟气轮机、汽轮机驱动的发电机组可参照执行。

3 规范性引用文件

下列文件中的条款通过本指南的引用而成为本指南的条款。凡是未注明版本日期的引用文件，使用者应尽可能使用其最新版本。

SH/T 3164—2012 石油化工仪表系统防雷工程设计规范

GB/T 11348 旋转机械转轴径向振动的测量和评定

GB/T 19873. 1—2005 机器状态监测与诊断 振动状态监测 第 1 部分：总则

GB/T 25742. 1—2010 机器状态监测与诊断 数据处理、通讯与表示 第 1 部分：一般指南

API 670—2000 振动、轴向位置和轴承温度监测系统

4 术语和定义

GB/T 2298—2010 中给出的以及下述术语和定义适用于本技术指南。

4. 1 状态监测

是指在机组运行中，对特定的特征信号进行监测、变换、分析处理并显示、记录。特征信号主要是机组在运行中的转速、键相、振动、轴位移、温度、压力、流量等。

4.2 在线监测系统

安装在被监测设备上或附近，用以自动采集、处理和发送被监测设备状态信息的监测装置。是对设备运行状态进行监测、预警、辅助决策、数据分析的软硬件平台的总称。

4.3 离心压缩机组

是指由汽轮机、电动机驱动的最高连续转速从1000r/min至50000r/min具有滑动轴承的透平压缩机组。

4.4 中心服务器

用于接收、存储、备份、处理现场数据采集器上传的数据，由专业服务器和相应软件组成。

4.5 数据采集器

是实现数据的采集和信号处理的装置。

4.6 传感器系统

是一种间隙电压装置，主要包括探头、接长电缆、前置器和附件。

4.7 位移传感器

是将输入位移转换成与其成比例的输出量（通常为电参数）的传感器。

4.8 前置器

是提供探头需要的电源，对信号进行放大、检波和滤波等的电子信号处理器。

4.9 信号电缆

是指传感器或敏感元件的接线板与各自监测器之间的互相连接导线。

4.10 稳态数据

是指压缩机在稳定工况下运行时的监测数据。

4.11 瞬态数据

是指压缩机在异常工况（如工艺波动、参数报警、故障）运行时的监测数据。

4.12 诊断知识库

是对振动故障问题求解所需要的领域知识的集合，包括基本事实、规则和其他有关信息。

5 系统总体要求

5.1 基本要求

石油化工装置离心压缩机组在线状态监测系统应安全可靠，在线监测系统的接入不应改变被监测设备的密封性能、绝缘性能，不应影响现场设备的安全运行；监测系统取样传输回路不影响其他系统的安全运行。并满足以下基本要求：

a）固定安装、可不间断地对机组运行状态进行实时监测；

b）完整保留机组振动历史数据、启停机数据和升降负荷数据；

c）提供专业诊断图谱，具备实时数据的分析和诊断功能；

d）可以长时间、大容量地保存机组的历史数据；

e）当机组发生故障后，能方便地查询机组的故障变化趋势。

5.2 系统架构

离心压缩机组在线监测系统一般由传感器系统、数据采集器和中心服务器组成。传感器系统实现信号变送；数据采集器实现数据的采集和信号处理；中心服务器完成数据分析和诊断分析；系统基本结构组成和网络架构见图 1 和图 2。

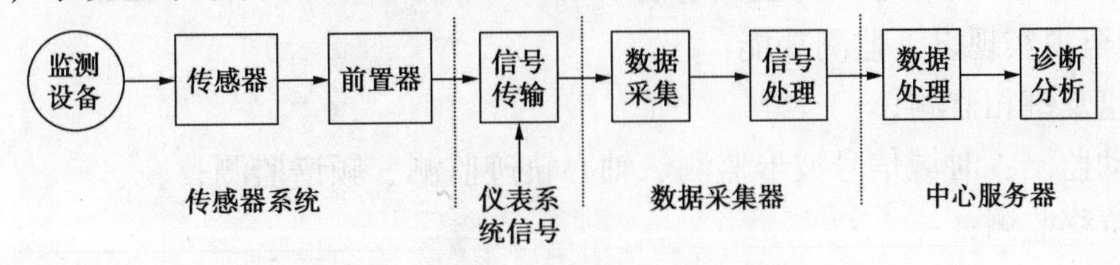

图 1 在线监测系统的组成示意图

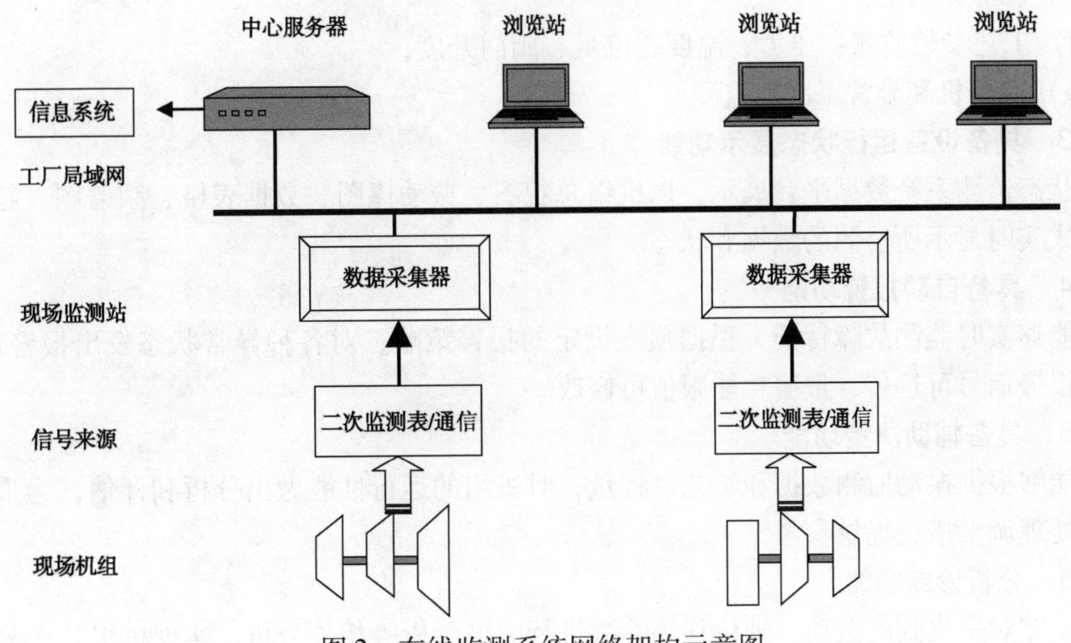

图 2 在线监测系统网络架构示意图

5.3 功能要求

在线监测系统应在适用的原则下实现状态监测、与已有系统信息交互、运行状态展示、自动报警、辅助决策、分析诊断等功能。

5.3.1 与已有系统信息交互功能

5.3.1.1 交互信息

与已有系统交互的信息主要包括：键相转速、振动、轴位移和工艺参数等。

a）键相转速信号的接入，从二次监测表输出或从键相传感器引入；

b）振动信号的接入，直接来自二次监测表的缓冲输出，或来自振动传感器；

c）轴位移信号的接入，具备直接来自二次监测表的缓冲输出，或来自位移传感器；

d）工艺参数的接入，直接通过 OPC 等通信方式接入工艺参数。工艺参数主要包括：各轴瓦温度、润滑油温度及压力、介质流量、温度、压力、阀门开度等。

5.3.1.2 运行状态信息提供功能

a）可向其他设备信息管理系统提供相应状态监测、报警及辅助决策等信息；

b）不需安装客户端程序，可通过 WEB 浏览器的方式查看设备数据，满足不同用户的数据浏览需求。

5.3.2 具备机组运行状态实时监测功能

系统应至少实现以下监测功能：

a）转速及键相监测；

b）振动监测：时域信号波形监测、轴心轨迹监测、频谱监测；

c）轴位移监测；

d）轴瓦温度监测；

e）膨胀差监测；

f）工艺参数监测：压力、温度、流量、阀门开度；

g）启停机和异常工况的监测。

5.3.3 具备设备运行状态展示功能

状态监测系统数据平台展示，以机组总貌图、振动棒图、数据表格、频谱图、趋势图等方式实时显示所监测的数据和状态。

5.3.4 具备自动报警功能

能够实时监测故障特征，根据预先设定的报警策略，对各种异常状态发出报警信号，并且报警信号可远传，报警功能限值可修改。

5.3.5 具备辅助决策功能

能够根据振动监测数据和工艺过程量，对机组的运行性能做出分析和评估，为采取必要的处理调整措施提供参考。

5.3.6 分析诊断功能

能够对采集到的振动、轴位移等参数进行图谱分析等相关分析，实现机组状态分析和故障诊断，并提供诊断知识库。可以辅助诊断机组的各种常见故障，如转子不平衡、转子不对中、转子碰摩、油膜振荡、轴弯曲、气流激振、轴瓦松动、部件脱落、部件摩损、润滑不良等。

5.4 系统通信

监测系统通信采用满足监测数据传输所需要的、标准的、可靠的现场工业控以太网络总线。状态监测系统支持标准 TCP/IP 通信方案；中心服务器、现场数据采集器和任何浏览站之间采用标准的 TCP/IP 通信方案，与企业现有局域网一致。

6 设备（硬件）配置

6.1 传感器系统

传感器系统硬件符合美国石油学会 API 670—2000 标准的要求，并满足以下要求：

a）探头壳体电气绝缘；

b）探头头部采用耐高低温和化学腐蚀的聚苯硫醚（PPS）注塑成形保护，线圈要求严格密封；

c）探头采用机械联接的坚固结构，增强头部、壳体、电缆及铠装的连接强度；

d）电缆绝缘和护套采用耐高低温和化学腐蚀的氟塑料；

e）铠装套有耐高低温和化学腐蚀的氟塑料热缩管绝缘保护层；

f）接头有套管保护；

g）前置器底部有工程塑料板，避免由于形成地电势回路而造成系统损坏；

h）前置器外壳结构能保护高频接头及接线端子免遭碰撞损坏或松脱；

i）前置器接线错误不会导致系统损坏；

j）传感器系统本质安全型防爆，防爆等级应满足所应用区域的防爆要求。

6.2 数据采集器

数据采集器采集现场轴振动信号、键相信号、轴位移信号、工艺参数信号，并进行信号处理、A/D 转换，上传至中心服务器；与中心服务器进行网络通信。

6.2.1 基本要求

a）数据采样速率：不低于 500kb/s &16bit；

b）同步的整周期、多通道并行采集：实现同一轴系上不同振动信号、振动信号与工艺参数的同时采集；

c）本地数据缓存时间至少 240h；

d）支持 10/100Mbps 以太网，RJ45 网络端口；

e）支持超级终端连接、RS232 和 MODBUS 通讯。

6.2.2 接口要求

a）键相转速信号、轴振信号、轴位移信号的接入，具备从二次监测表输出或从传感器引入的端口；

b）工艺量信号的接入，具备专用的 MODBUS 通讯模块，通过标准 MODBUS 通讯协议，从 DCS/PLC 系统中获取各种工艺量。

6.3 中心服务器

6.3.1 数据存储与管理

中心服务器能够储存 20 年以上的历史数据，硬盘容量应为储存数据容量的 2 倍。

6.3.2 数据传输

基于 B/S 结构的数据传输功能；系统应具有 OPC 接口及相应的支持软件；可直接通过 WEB 浏览器登录网页，实现对现场机组远程监测、分析和诊断。

6.3.3 系统管理及设置

稳态数据监测时，采用事件驱动和时间驱动结合的方式，既可以保存机组的任何异常报警数据，也可以保存各种等时间间隔的数据。

瞬态数据监测时，采用等转速间隔和等时间间隔存储相结合的方式。同时系统设有黑匣子数据库，能追忆和分析机组在发生报警时刻的前后 30min 内的瞬态数据；具备事件记录功能。

6.3.4 数据备份

中心服务器的设置信息可以导出到文件中备份。历史数据和启停机数据根据 SQL 数据库的备份策略来备份。系统的正常数据与备份数据是保存在不同的硬盘上的，以防止由于硬盘崩溃或故障导致备份数据的丢失。

6.4 电源

状态监测系统的电源应安全可靠，数据采集器采用专用的 220V 交流不停电电源（UPS）供电。现场变送系统用 220V 交流系统供电。系统应有防止过电压的保护措施。

6.5 防雷

系统防雷接地满足 SH/T 3164—2012 的要求。

6.6 电缆

a）状态监测系统的弱电信号或控制回路应选用专用的阻燃型铠装屏蔽电缆，电缆屏蔽层的型式应为铜带屏蔽；

b）状态监测系统的户外通信介质应选用光缆。光缆芯数应满足状态监测系统通信要求，并留有备用芯。当采用铠装光缆时，应对其抗扰性能进行测试；

7 数据库系统功能

数据库管理系统基本功能应包括：状态显示、状态监测、自动报警、分析诊断、数据交换及其他功能。监测系统应采用统一的数据格式，特殊情况下采用自有数据格式的，应公开所用数据格式，并负责解释其含义。

7.1 状态显示功能

监测信息的展示采用机组总貌、数字图表、专业图谱等多种显示方法，可以清楚地反映设备的当前运行状态和变化趋势。

7.2 状态监测功能

主要包括初始化设置和状态监测。

初始化设置包括以下量值的设置：振动量采样频率、采样长度、各测点报警值、传感器安装方向、定时存数间隔、定时报表时间间隔、分析数据长度、分析数据采集频率、转速等。

监测功能应至少包括：时域波形监测、轴心轨迹监测、轴心位置监测、频谱监测、振动趋势监测等，对机组进行稳态数据、瞬态数据监测和启停机监测。

7.3 分析诊断功能

分析诊断功能包括常用的各种监测诊断分析方法。包括：时域波形分析、轴心轨迹分析、频谱分析、启停机图谱分析、趋势分析等分析方法。

7.3.1 诊断图谱

a）常规图谱：轴心轨迹图、波形频谱图、轴心位置图、极坐标图、振动趋势图、过程振动趋势图等。

b）起停机图谱：转速时间图、波德图、Nyquist 图、频谱瀑布图、级联图等。

c）统计报表及日记：机组状态列表、振动参数列表、过程参数列表、报警日记、系统日记。

7.3.2 故障诊断功能

可以提供诊断机组的各种常见故障的必要信息，如表明可能已发生转子不平衡、转子不对中、转子碰摩、油膜振荡、轴弯曲、汽流激振、轴瓦松动、部件脱落、部件摩损、润滑不良等常见故障的典型特征信息。

a）智能诊断：能自动诊断机组常见故障，给出参考诊断结果和对策建议。

b）诊断知识库：包含根据国内外振动专家处理机组振动故障的经验，提炼来自现场工程实践的诊断规则；并提供开放的诊断规则库平台，用户可以将自身在长期的运行维护实践中积累的经验提炼成诊断规则，并加入到规则库中，并可对库中的有关规则进行补充、修改、删除、更新。

7.4 性能分析功能

利用机组工艺量参数结合振动监测相关数据，对机组的性能指标进分析评价，如：防喘振、效率等。对于影响机组安全性、经济性的关键性指标进行状态评价，并对其发展变化趋势进行预测。

8 安装与调试

8.1 传感器的安装

传感器的安装符合 API 670 的要求，并满足以下要求：

a）键相传感器应安装在轴的径向，并尽可能将键相传感器安装在机组的驱动部分上。当机组具有不同的转速时通常需要有多套键相传感器传感器对其进行监测，从而可以为机组的各部分提供有效的键相信号。

b）测量轴的径向振动，要求轴的直径大于探头直径的 3 倍以上，探头的安装位置应该尽量靠近轴承。每个测点应同时安装两个传感器探头，两个探头应分别安装在轴承两边的同一平面上相隔 90° ±5°。从原动机端看，分别定义为 X 探头和 Y 探头，X 方向在垂直中心线的右侧，Y 方向在垂直中心线的左侧。

c）轴位移传感器应安装在轴承座上开出的孔里或安装在靠近轴承座的刚性支架上，传感器应安装在轴承内不影响润滑压力楔的位置上。

石化装置典型机组传感器安装位置和数量的选择，可参照附录 A 推荐方案。

8.2 数据采集器安装

数据采集器的安装满足以下基本要求：

a）主机应放在通风、干燥的环境中，主机的后背板以及机箱的上部的散热孔至少留出 20cm 空间用来通风。

b）避免主机直接照晒，远离热源。

c）采用上架式安装方式。

8.3 接线方式

根据现场信号来源不同采用不同的接线方式，满足以下要求：

a）如果现场的二次仪表可提供振动信号的缓冲输出接口时，可通过监测信号输入电缆与数采器主机的相应接口直接相连。

b）如果机组的振动信号直接来自现场传感器的原始电压输出或变送器的缓冲输出端子，则信号应首先接到接线端子模块，然后再由监测信号输入电缆接到数据采集器主机的

相应接口。

8.4 系统调试

调试主要针对状态监测系统及其功能实现。具体调试包括两个部分，一是状态监测装系统的功能调试，包括数据采集、存储、显示、分析、报警等；二是状态监测系统整体调试，主要检验状态监测系统各层之间的信息交互情况，检验结果应符合设计要求。

9 验收要求

9.1 系统验收

a）应具备完备出厂试验报告、现场调试报告、整体调试报告，且均符合系统的技术要求；

b）系统提供测试数据与 DCS 对比数据误差率不大于 10 %；

c）系统运行：监测系统要求正常运行 1 个月无故障。

9.2 现场验收

9.2.1 电缆敷设

a）弱电回路电缆要避开高压母线和故障电流入地点，与高压母线平行或交叉时要有防护设施；

b）光缆要与其他电缆分层敷设；

c）电缆敷设要避开高温部位。

9.2.2 端子排布置

硬件设备的安排及端子排的布置，应保证各套装置的独立性，在一套装置检修时不影响其他任何一套装置的正常运行。端子排布置应考虑各插件的位置，避免接线相互交叉。

9.2.3 机箱外观要求

a）机箱应采取必要的防电磁干扰的措施。金属机箱应可靠接地；

b）机箱应满足发热元器件的通风散热要求；

c）机箱模件应插拔灵活、接触可靠，互换性好；

d）外表涂敷、电镀层应牢固均匀、光洁，不应有脱皮、锈蚀等。

10 附则

本技术指南由中国特种设备检测研究院负责解释。

附　录　A
（资料性附录）
石化装置典型离心压缩机组监测方案推荐

A.1　汽轮机驱动离心压缩机组

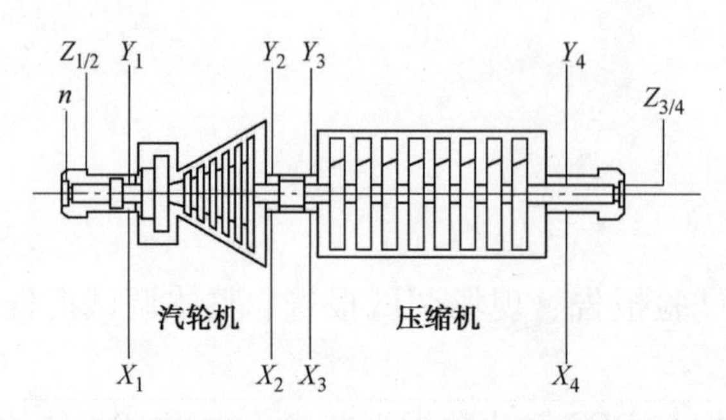

图 A.1　汽轮机驱动离心压缩机组轴振动测点设置

说明：X、Y代表轴振动数值，Z代表轴位移数值，n代表转速。每个径向瓦、止推瓦设置温度测点。

A.2　电动机驱动离心压缩机组（带齿轮箱）

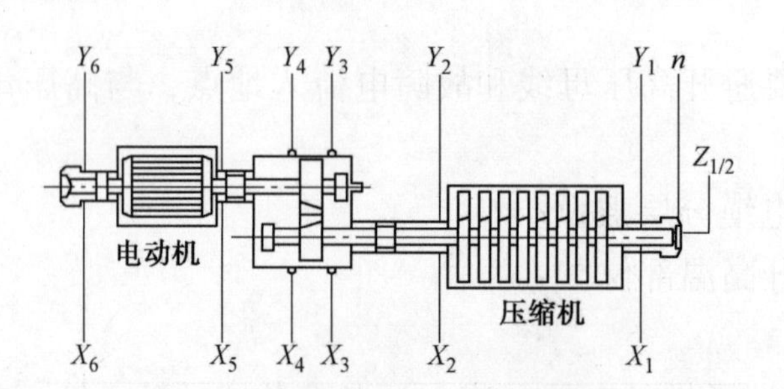

图 A.2　电机驱动离心压缩机组轴振动监测设置

说明：X、Y代表轴振动数值，Z代表轴位移数值，n代表转速。

A.3　烟机发电机组

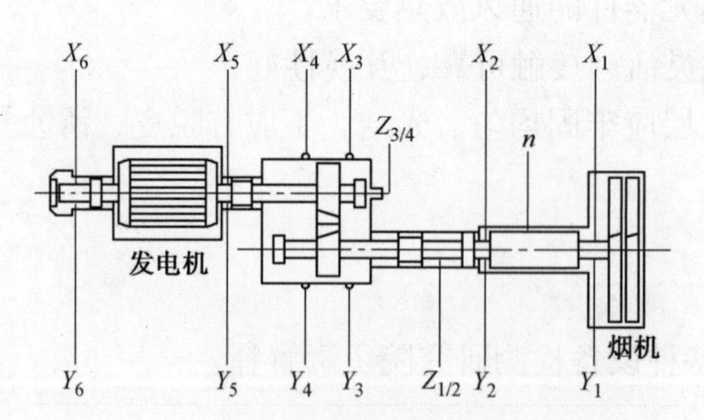

图 A.3　烟机发电机组轴振动测点设置

说明：X、Y代表轴振动数值，Z代表轴位移数值，n代表转速。

齿轮箱上 X/Y 为加速度传感器，测量轴承座或壳体振动。对于带齿轮箱的机组，选择加速度传感器时要考虑传感器的通频响应范围。要测量振动加速度，以米每二次方秒（m/s^2）为单位。

A.4　汽轮机驱动离心压缩机组（多缸）

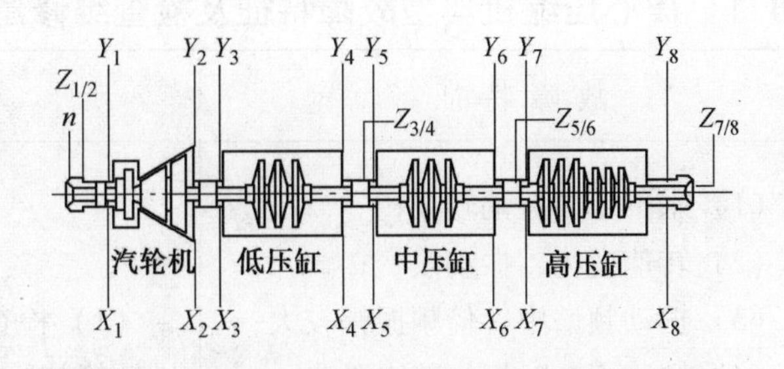

图 A.4　汽轮机驱动多缸压缩机组测点设置

说明：X、Y 代表轴振动数值，Z 代表轴位移数值，n 代表转速。

附　录　B

(资料性附录)

典型故障特征及检查维修建议

表 B. 1　离心压缩机典型故障特征及检查维修建议

序号	故障类型	故 障 特 征	检查维修建议
1	质量不平衡	(1) 水平方向振动较大; (2) 转速变化, 振动改变; (3) 振动频谱中 1 倍频振幅较大; (4) 转速不变时振幅基本不变; (5) 转速不变时 1 倍频相位基本不变; (6) 振动频谱呈枞树形; (7) 时域波形为单一谐波; (8) 轴心轨迹形状为椭圆形	(1) 检查转子是否存在不对中和松动等其他故障, 并加以消除。 (2) 清理结垢。 (3) 如果振动仍然超标, 应进行动平衡
2	热态不平衡(汽轮机)	(1) 同质量不平衡; (2) 振动随负荷变化而改变	(1) 控制机组升速速度, 适当延长暖机时间。 (2) 检查汽缸上下温差等, 防止发生转子碰摩
3	轴弯曲	(1) 同质量不平衡; (2) 转速较低时振动较大; (3) 速增加, 振动变化不明显	(1) 转子初始弯曲较小时, 进行现场动平衡。 (2) 当转子初始弯曲较大时, 应进行校正
4	转子结垢	(1) 同质量不平衡; (2) 振动以 1 倍频为主; (3) 振动逐步增大	(1) 维持运行一段时间; (2) 清除结垢
5	转子吸入异物	(1) 同质量不平衡; (2) 振动以 1 倍频为主; (3) 振动逐步增大	(1) 更换入口过滤器的滤网; (2) 对转子再清洗及做动平衡

续表

序号	故障类型	故 障 特 征	检查维修建议
6	不对中	（1）轴向振动较大； （2）振动与负荷变化有关； （3）联轴节两侧振动较大； （4）振动频谱中 2 倍频振幅较大； （5）轴心轨迹形状为香蕉形	（1）检查基础是否不均匀下沉等。 （2）检查联轴节端面瓢偏和晃度是否合格。 （3）轴系轻度不对中时，可用调整垫铁等方法预以减轻；轴系严重不对中时，应调整轴承座标高，轴系重新找中心
7	联轴器损坏	（1）联轴节两侧振动较大； （2）负荷变化，振动跳跃变化	（1）更换联轴器
8	动静碰摩	（1）转速不变时振幅波动较大； （2）转速不变时振幅迅速增大； （3）转速不变时振幅周期性变化； （4）转速不变时一倍频相位急剧变化； （5）转速不变时一倍频相位周期性变化； （6）振动频谱丰富； （7）振动频谱中 1/2 倍频较大； （8）振动频谱中小于 0.35 倍频的低频分量较大； （9）时域波形有削波现象； （10）轴心轨迹进动方向为反进动	（1）检查轴系平衡、对中状况是否良好。 （2）检查轴系的稳定性是否良好。 （3）检查和调整动静间隙
9	松动	（1）振动频谱中高频成分较大； （2）时域波形有跳跃现象； （3）转速不变时 1 倍频相位不稳定； （4）轴心轨迹形状不规则变化； （5）轴承振动与轴相对振动相差较小； （6）轴承座垂直方向振动相差较大； （7）轴承座同一结合面四周振动相差较大； （8）振动频谱以奇次谐波为主	（1）检查联接件紧力是否不均匀或已松开； （2）检查基础有无裂纹，强度是否合格

续表

序号	故障类型	故障特征	检查维修建议
10	基础刚性不足	（1）基础振幅较大； （2）垂直方向振动较大； （3）振动频谱中1倍频较大； （4）水平与垂直方向振动相位差接近0°或180°； （5）轴承与基础振动相差较小	（1）检查地脚螺栓和基础是否发生松动，对发生较大振动的基础部位进行加固。 （2）对转子进行高速动平衡。 （3）检查转子—轴承—基础设计是否合理，安装是否达到规定要求，必要时更改设计，重新浇灌基础
11	共振	（1）转速变化不大振动迅速增加； （2）以一倍频为主	（1）对基础进行加固。 （2）对转子进行高速动平衡
12	旋转失速	（1）振动频谱中出现1/4～3/4倍频的低频； （2）1/4～3/4倍频的低频成分不稳定； （3）振动对转速和流量变化较敏感	（1）检查风道是否阻塞减少阻力。 （2）调整负荷
13	喘振	（1）振动频谱中出现小于20Hz的低频分量； （2）管道发生强烈振动； （3）风压、风量、电流等参数突变后波动	（1）检查管道是否阻塞。 （2）调整负荷。 （3）加装支承或增大管道转弯处的曲率半径
14	油膜涡动	（1）振动频谱中1/2倍频的低频分量较大； （2）转速升至某一值，振动突然增大； （3）转速降至某一值，振动突然减小； （4）轴心轨迹形状为花瓣形； （5）进油温度升高，振动减小； （6）进油温度降低，振动增大	（1）检查转子的平衡状态是否良好。 （2）检查转子对中状况是否良好。 （3）检查轴承的结构参数是否符合要求。 （4）检查机组动静间隙是否均匀。 （5）减小轴承宽度，抬高轴承标高等以提高轴承比压。 （6）提高进油温度，将黏度较高的油换成黏度较低的油。 （7）必要时更改轴承类型

续表

序号	故障类型	故 障 特 征	检查维修建议
15	油膜振荡	（1）振动频谱中 0.35 ~ 0.48 倍频的低频分量较大； （2）转速升至某一值，振动突然增大； （3）转速降至某一值，振动突然减小； （4）轴心轨迹形状为花瓣形； （5）进油温度升高，振动减小； （6）进油温度降低，振动增大	（1）检查转子的平衡状态是否良好。 （2）检查转子对中状况是否良好。 （3）检查轴承的结构参数是否符合要求。 （4）检查机组动静间隙是否均匀。 （5）减小轴承宽度，抬高轴承标高等以提高轴承比压。 （6）提高进油温度，将黏度较高的油换成黏度较低的油。 （7）必要时更改轴承类型
16	汽流激振	（1）振动频谱中 0.6 ~ 0.9 倍频的低频分量较大； （2）振动与负荷变化有关	（1）检查对轮的瓢偏、晃度是否合格。 （2）检查轴系平衡状态是否良好。 （3）检查和调整汽封间隙，防止产生不均匀的周向力。 （4）检查和调整轴承标高。 （5）减负荷运行

石油化工装置机泵在线监测系统应用技术指南

前　言

石油化工装置关键离心泵、风机等机泵类设备具有数量多、分布广、操作环境复杂等特点，为了实现对关键机泵进行实时监测，满足石油化工企业对关键机泵群建立在线监测系统的需要，为石油化工装置机泵在线监测系统的设计、安装、验收、使用等提供指导，特制定本技术指南。

本技术指南由中国特种设备检测研究院组织编写。

主要编写人：那治国、王华东、郭　建

本指南在编写过程中得到中国石化北京燕山分公司、天津分公司、高桥分公司、扬子分公司、镇海炼化分公司以及ALSTOM创为实公司、SKF中国公司、深圳永祥公司等单位有关专家的支持和帮助，在此表示感谢。

由于时间仓促和编者水平有限，本指南虽然经多次修改，内容的深度和广度仍显不足，在使用过程中，如发现需要修改补充之处，请将意见和有关资料提供给主编单位，以便今后修订时参考。

石油化工装置机泵在线监测系统应用技术指南

1 总则

为满足石油化工企业对建立机泵在线监测系统的需要，指导和规范机泵在线监测系统的总体设计、系统安装和验收，提高设备运行可靠性，特制定本技术指南。

2 适用范围

本指南给出石油化工装置机泵在线监测系统总体设计、功能设置、系统安装与验收等方面的建议和指导，适用于石油化工装置离心式、混流式或轴流式泵及风机（包括其驱动用电动机）等机泵类设备的在线监测系统。

3 规范性引用文件

下列文件中的条款通过本指南的引用而成为本指南的条款。凡是未注明版本日期的引用文件，使用者应尽可能使用其最新版本。

SH/T 3164—2012 石油化工仪表系统防雷工程设计规范

GB/T 6075.1 ~ 3 在非旋转部件上测量和评价机器的机械振动

GB/T 11348.1—1999 旋转机械转轴径向振动的测量和评定 第1部分：总则

GB/T 19873.1—2005 机器状态监测与诊断 振动状态监测 第1部分：总则

GB/T 25742.1—2010 机器状态监测与诊断 数据处理、通信与表示 第1部分：一般指南

API 670—2000 振动、轴向位置和轴承温度监测系统

4 术语和定义

下述术语和定义适用于本技术指南。

4.1 机泵

指石油化工装置离心式、混流式或轴流式泵及风机（包括其驱动用电动机）等转动设备。

4.2 在线监测系统

是指在机泵上布置测点，对设备运行状态进行实时监测，将离散的运行状态信息集成到信息管理平台的软硬件设施的总称。

4.3 振动传感器

指用于测量设备振动状态的加速度传感器、速度传感器和位移传感器的统称。

4.4 加速度传感器

将输入加速度转换成与其成比例的输出量（通常为电参数）的传感器。

4.5 速度传感器

将输入速度转换成与其成比例的输出量（通常为电参数）的传感器。

4.6 位移传感器

将输入位移转换成与其成比例的输出量（通常为电参数）的传感器。

4.7 键相传感器

用于测量转子转速的位移传感器。

4.8 温度传感器

是指能感受温度并转换成可用输出信号的传感器，用于监测机泵轴承箱温度。

4.9 信号电缆

是一根或多根相互绝缘的导体外包绝缘和保护层制成的导线，实现将信号从一处到另一处的传输。

4.10 接线单元

用于汇集来自多个传感器的信号，将其转换至一条多芯电缆后，向监测模块进行传输的模块（见图1）。

4.11 安全栅

接在本质全电路和非本质安全电路之间，将供给本质安全电路的电压或电流限制在一定安全范围内的装置。

4.12 监测模块

是指用于收集传感器采集的振动、轴向位移、压力和温度等监测数据，对数据进行分

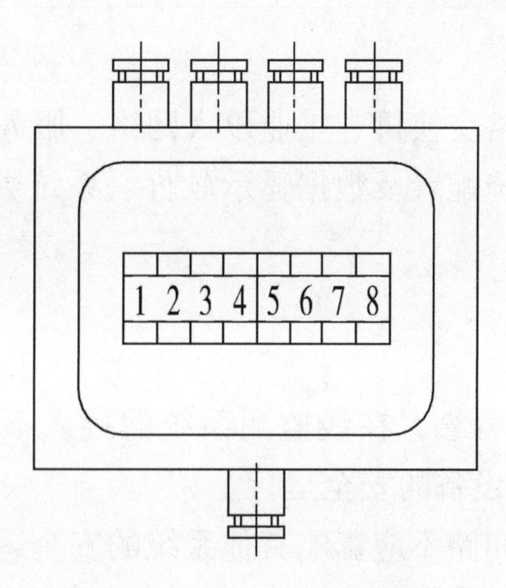

图 1　接线单元示意图

析处理的设备，并实现一定量数据的存储，能够在断电、网络通信中断等情况下确保数据不丢失。

4.13　分散处理单元

是指通过采集、转换和传输等方式，将离散的对设备振动等信息传输到以太网交换机的所有设施。

4.14　工业以太网

工业以太网是基于 IEEE 802.3（Ethernet）的区域和单元网络，用于生产和过程自动化、办公等信息的传输。

4.15　以太网络交换机

以太网络交换机是基于以太网传输数据的交换机，用于将监测模块的数据转换后，传输至工业以太网络。

5　系统总体要求

5.1　基本功能

机泵在线监测系统通过在机泵上布置测点，对设备运行状态实时监测，将离散的运行状态信息集成到信息管理平台，实现设备运行状态监控、诊断和管理。

5.2　系统构架

机泵在线监测系统一般由分散处理单元、数据通讯系统和应用软件系统等组成。

5.2.1　分散处理单元包括传感器、信号电缆、接线盒、安全栅、监测模块、电源电缆等。

5.2.2 数据通讯系统包括网络交换机、工业以太网络、服务器。

5.2.3 应用软件系统包括系统配置及数据显示软件、系统数据库管理分析软件、智能诊断软件。

5.3 基本要求

5.3.1 在线监测系统应安全可靠，在线监测系统的接入不应改变被监测设备的密封性能、绝缘性能，不应影响现场设备的安全运行。

5.3.2 监测系统取样和传输回路不应影响其他系统的安全运行。

5.3.3 在线监测系统应具有开放性网络结构，支持OPC等开放标准。

5.3.4 系统可扩展与CMMS以及企业ERP系统相连，实现信息传递，数据共享。

6 系统架构

6.1 网络结构

监测系统为网络化结构，采用共享总线型式。监测模块安装在尽量靠近设备的位置，通过网线到达局域网附近，由网络交换机进入局域网，然后送达在线监测服务器。有线传输形式监测系统与无线传输形式监测系统方案在据传输模式上有所区别，其网络架构分别见图2和图3。

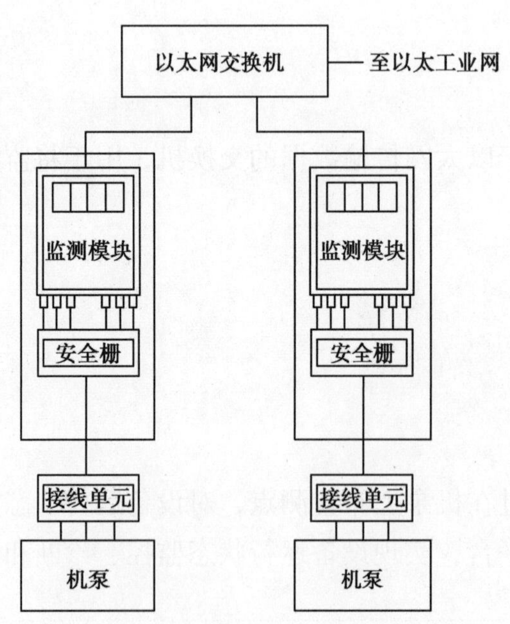

图2 有线传输形式系统网络架构

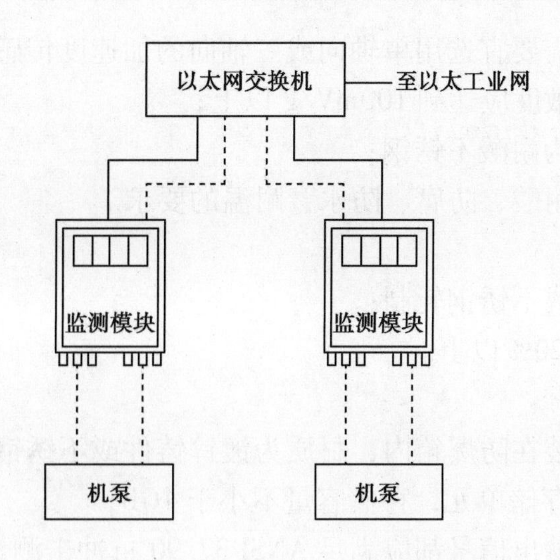

图3　无线传输监测形式网络架构

6.2　中心服务器

负责接收、存储、备份现场采集站上传的实时数据、趋势数据、历史数据及报警记录等数据，满足以下要求：

a）管理状态监测数据库；

b）向浏览站提供监测数据；

c）服务器型式优选机架式；

d）能够满足至少100个并发用户；

e）数据储存时间至少保存10年，硬盘容量应为储存数据容量的2倍；

f）服务器的操作系统须具有OPC接口及相应的支持软件。

7　硬件技术要求

7.1　总体要求

系统硬件的防爆等级应满足所应用区域的防爆要求，防护等级至少为IP65，防雷接地满足SH/T 3164—2012的要求。

7.2　分散处理单元

分散处理单元依据传感器和监测模块的数据传输方式的不同，分为有线传输形式和无线传输形式。

7.2.1　有线传输形式

7.2.1.1　振动传感器

a）振动传感器与连接专用电缆宜为一体式，接线方式宜为侧出线；

b）依据实际工况的需要宜选用单轴向或三轴向的加速度传感器；

c）加速度传感器灵敏度应达到100mV/*g*以上；

d）传感器本体材质为耐酸不锈钢；

e）电缆应满足现场耐酸、防腐、防水、耐温的要求。

7.2.1.2 接线单元

a）材质为镀锌铸件或不锈钢轧制；

b）内部端子应冗余20%以上。

7.2.1.3 现场采集模块

a）数据采集器应安装在防爆箱内，材质为镀锌铸件或不锈钢轧制；

b）数据采集器应带存储单元，存储容量不小于4GB；

c）所有进出的输入输出信号都应满足 ANSI 37.90 抗冲击测试要求；

d）信号输入通道不小于4个；

e）数字输出通道不小于4个；

f）电源供电为24 VDC。

7.2.1.4 安全栅

a）宜采用隔离安全栅；

b）接地要求达到4Ω。

7.2.2 无线传输形式

无线传输系统主要由无线传感器模块、监测模块、数据收集服务器组成。采用无线传输的方式，将传感器采集的数据传输至无线在线监测模块，进而传输至服务器。

7.2.2.1 无线传感器模块采用一体化设计，传感器与无线数据传输模块集成在一起，无线传感器可采用干电池供电。

a）无线射频频段和功率应满足中华人民共和国工业和信息化部无线电管理局《微功率（短距离）无线电设备的技术要求》关于无线传声器和民用无线电计量仪表等类型设备的要求。

b）在无线通信不正常时，自动降低通信速率，增强发射功率，或者把上报数据暂存在无线传感器模块内置存储器中。

c）传感器模块整体功耗参照以下性能指标：在使用电池供电时，每5min上传一次最新传感器数据给无线监测模块，电池使用时间应大于4000h。电池应更换简单方便。

d）传感器模块给监测模块上传数据间隔可调，间隔最快10s。

7.2.2.2 定向高增益天线接收传感器传输的数据，对无线信号进行放大后，传输至监测模块。

7.2.2.3 监测模块与定向高增益天线相连，采用无线通信，接收传感器采集的数据。

a）无线连接采用跳频技术，具备自组网功能；

b）每台监测模块至少可以管理8台无线传感器模块。

7.3 抗干扰要求

a）在线监测系统传感器、数据采集器、传输线路等应带电磁隔离或光电隔离；

b）通道为隔离型，符合 IEC 61000 标准规定；

c）所有部件都应抗每米 10mV 场强的电磁及无线电干扰。

7.4 以太网络交换机

应选择满足安装环境要求的工业级交换机产品，并满足以下要求：

a）光口预留 100% 以上；

b）电源接线盒须满足防爆要求；

c）电源为带冗余的 220V AC。

8 软件功能要求

8.1 数据管理功能

a）软件提供全面的传感器设定、信号处理、报警参数等控制和管理功能；

b）提供来自监测通道的测量数值、时域波形、FFT 频谱等实时的在线显示；

c）稳态运行时至少每 1h 存储一组数据；

d）运行状态发生突变时，能够及时采集数据并进行存储；

e）可与用户的离线监测系统数据库进行数据交换。

8.2 数据分析功能

具备能满足数据分析的轴承数据库和多种分析工具，能够对实时数据和历史数据的图谱进行分析，以及精密诊断。

8.3 报警功能

根据预先设定的报警策略，对各种异常状态发出报警信号，并且报警信号可远传，报警功能限值可修改。报警设置参照 ISO 10816《机械振动 在非旋转部件上测量和评价机器振动》。

8.4 报表功能

a）系统能够建立和修改报表，并可以对报表的各个字段进行组态，生成 EXCEL 格式报表，并可进行打印。

b）在客户端操作站上可以完成复杂运算的报表生成功能；

c）所有的超标参数均以不同的颜色显示，并可生成各种统计图形；

d）系统应能生成以下报表：即时报表（SNAPSHOT）、定期报表、报警汇总报表等。

8.5 远程登录功能

软件系统应采用BS结构，不需安装客户端程序和插件，可直接通过WEB浏览器查看监测数据。

8.6 诊断功能

具备故障数据知识库，提供设备故障智能分析模块，可进行智能分析和故障诊断，并辅助状态监测工程师做出正确的判断。

a）实现振动时域分析与征兆评估频域分析方法的结合，给出辅助诊断结果；

b）直接给出各项故障征兆的量化指标，实现早期故障的预警；

c）依据故障征兆分析的结果，实现对设备运行状态的可视化分类显示。

9 安装要求

9.1 总体要求

监测系统安装应符合美国石油学会API 670—2000标准的要求，并满足以下要求。

9.1.1 加速度传感器

a）传感器优选用螺纹连接型式，连接螺纹应采用公制，宜为M6；

b）在确保数据采集精度的条件下，当无法采用螺纹连接时，可采用其他安装型式；

c）对于有线振动加速度传感器宜采用侧出线形式（见图4），附带的一体式专用电缆至少为5m，去接线盒侧连接应为接线端子式。

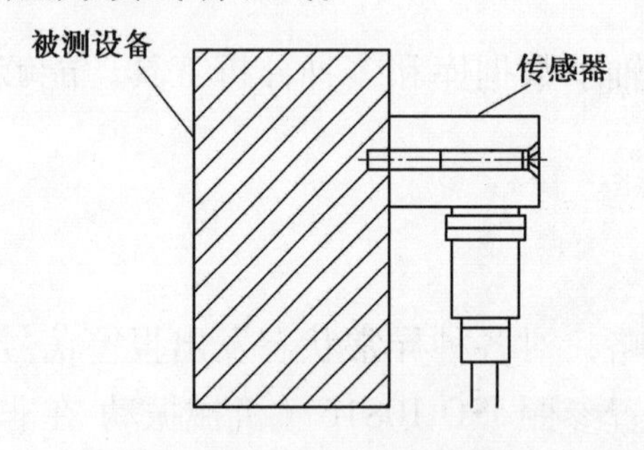

图4 侧出线振动传感器

9.1.2 位移传感器

a）当需要测量轴的径向振动时，要求轴的直径大于探头直径的3倍以上，探头的安装位置应该尽量靠近轴承。

b）每个测点应同时安装两个传感器探头，两个探头应分别安装在轴承两边的同一平面上相隔90°±5°。从原动机端看，分别定义为X探头和Y探头，X方向在垂直中心线的右侧，Y方向在垂直中心线的左侧（见图5）。

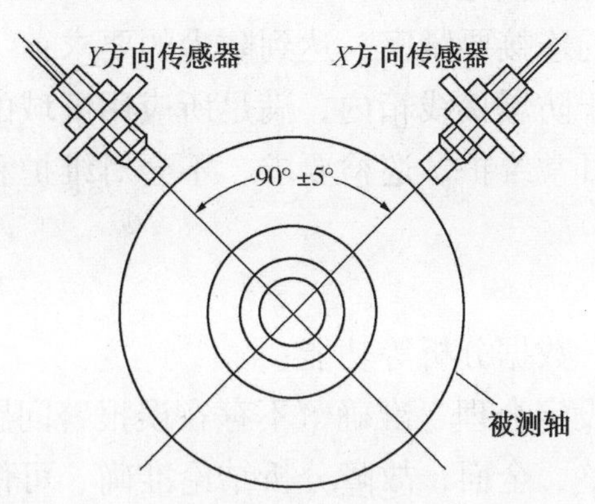

图5　电涡流传感器安装角度示意图

9.1.3　键相传感器

键相传感器应安装在轴的径向，具体安装见图6。

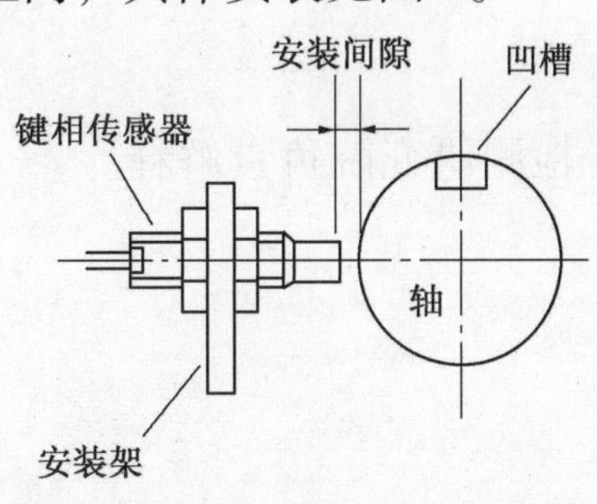

图6　键相传感器安装示意图

9.2　电缆布置

a）为保证信号强度，接线单元至监测模块电缆长度不应超过300m；

b）信号衰减不超过3dB。

10　验收要求

在系统连续无故障运行1月后，方可进行系统验收和资料移交工作，应具备出厂试验报告、现场调试报告、现场验收报告，且均符合以下技术要求。

10.1　硬件系统验收

a）信号电缆和电源电缆的铺设要走线槽和保护管道，走线要整齐有序，无打结，铺线过程中不影响其他电缆的正常工作；

b）传感器接线要规范整齐，根据现场情况配备接线盒，接线盒位置要便于维护和接线；

c）端子排的接线要牢固美观，布线要整齐；

d）电源要进行有效的保护接地；

e）管道和各设备之间的连接要紧密，达到防尘的要求；

f）现场采集模块安装于防爆接线箱内，满足所应用区域的防爆要求；

g）线路布置满足机泵日常维护、巡检要求，不会对维护和巡检造成影响。

10.2 软件系统验收

a）全面实现数据管理、数据分析等功能；

b）各监测点报警指标设定合理、准确，不存在误报警问题；

c）相关诊断知识库完整、全面，故障分析结论准确、可信，能实现故障的早期预警；

d）采用手持式离线监测仪器对机泵振动数据进行采集，将之与在线振动数据进行对比，两者数据偏差应小于10%。

11 附则

本技术指南由中国特种设备检测研究院负责解释。

附　录　A

（资料性附录）

石化装置机泵在线监测测点设置推荐方案

A.1　总体原则

对机泵进行振动监测，应选择在轴承、轴承支座或者其他对动力有明显响应并能体现机器整体振动特性的结构部件上进行测量。

A.2　典型设备测点位置选择

A.2.1　卧式机泵

对卧式机泵，推荐在每个轴承箱上布置水平、垂直、轴向等三个相互垂直方向的测点，典型位置如图 A.1、图 A.2 所示。

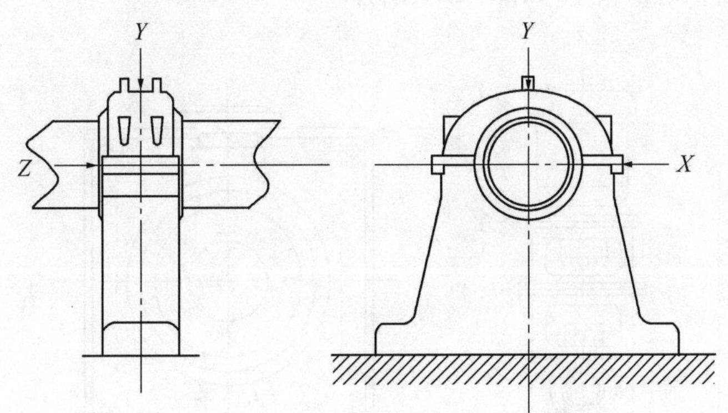

图 A.1　轴承箱测点位置示意

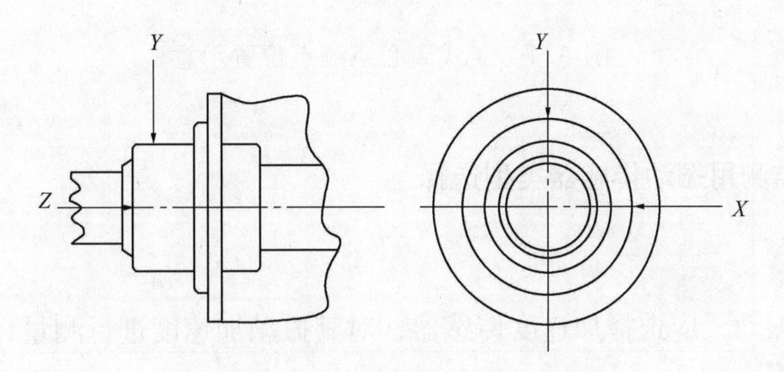

图 A.2　轴承端盖测点位置示意

A.2.2　齿轮箱

齿轮箱的测点布置参照 A.2.1 执行。

A.2.3 电动机

推荐对电动机驱动端轴承的水平、垂直、轴向三个方向进行监测，非驱动端轴承的水平、垂直两个方向进行监测，位置如图 A.3 所示。

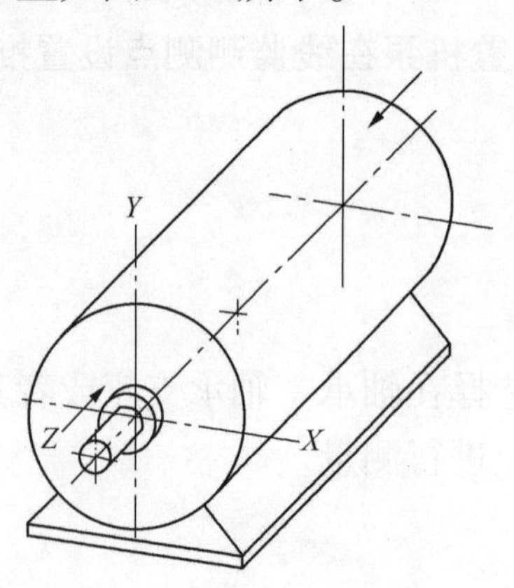

图 A.3 电动机测点布置

A.2.4 立式离心泵

立式离心泵结构较为特殊，推荐对电机的驱动端轴承和非驱动端轴承、泵体上下支撑轴承等 4 个位置进行监测，位置如图 A.4 所示。

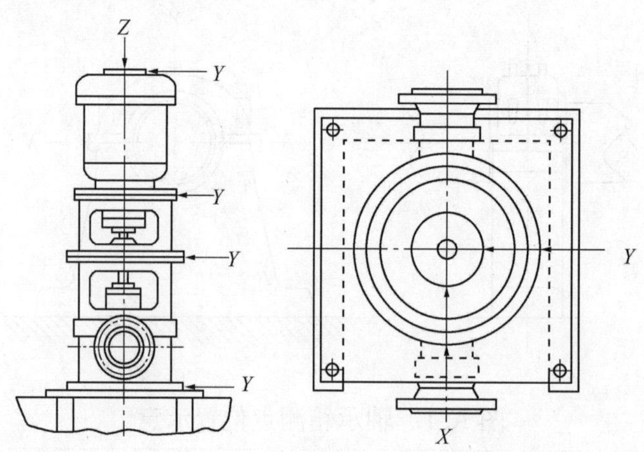

图 A.4 立式离心泵测点位置示意

A.3 典型设备监测用振动传感器类型选择

A.3.1 齿轮箱

监测齿轮箱振动，应选择加速度传感器，对其振动加速度进行测量，同时要考虑传感器的通频响应范围。

A.3.2 多级离心泵

推荐选用位移传感器，测量轴振动幅值和轴向位移。

附 录 B
（资料性附录）
机泵设备常见故障特征及检查维修建议

表 B.1 离心泵常见故障特征及检查维修建议

序号	故障类型	故障特征	检查维修建议
1	质量不平衡	（1）水平方向振动较大； （2）转速变化，振动改变； （3）振动频谱中 1 倍频振幅较大； （4）转速不变时振幅基本不变； （5）振动频谱呈枞树形； （6）时域波形为单一谐波	（1）检查转子是否存在不对中和松动等其他故障，并加以消除。 （2）如果振动仍然超标，应进行动平衡
2	轴弯曲	（1）同质量不平衡； （2）转速较低时振动较大	（1）当转子初始弯曲较小时，进行现场动平衡。 （2）当转子初始弯曲较大时，应进行校正
3	不对中	（1）轴向振动较大； （2）振动与负荷变化有关； （3）联轴节两侧振动较大； （4）振动频谱中 2 倍频振幅较大	（1）查基础是否不均匀下沉。 （2）检查联轴节端面是否瓢偏和晃度
4	松动	（1）振动频谱中高频成分较大； （2）时域波形有跳跃现象； （3）轴承座垂直方向振动相差较大； （4）轴承座同一结合面四周振动相差较大； （5）振动频谱以奇次谐波为主	（1）检查联接件紧力是否符合要求。 （2）检查基础有无裂纹，强度是否合格
5	基础刚性不足	（1）基础振幅较大； （2）垂直方向振动较大； （3）振动频谱中 1 倍频较大； （4）承与基础振动相差较小	（1）检查地脚螺栓和基础是否发生松动，对振动较大的基础部位进行加固。 （2）检查基础设计是否合理，安装是否达到规定要求，必要时重新浇灌基础
6	泵内有异物	（1）振动频谱丰富； （2）振动不稳定	（1）检查取出异物

续表

序号	故障类型	故 障 特 征	检查维修建议
7	汽蚀引起振动	（1）在某负荷工况下振动较大； （2）振动频谱中高频成分较大	（1）尽量使水泵在额定流量下运行。 （2）尽量保证水泵在不超过额定的转速的情况下运行
8	压力脉动	（1）振动频谱中出现 1/6 ~ 1/2 倍频的低频分量； （2）管道发生强烈振动； （3）流量、压力等参数波动较大	（1）检查设计是否合理。 （2）调整负荷。 （3）加装支承或增大管道转弯处的曲率半径

表 B.2　风机常见故障特征及处检查维修建议

序号	故障类型	故 障 特 征	检查维修建议
1	质量不平衡	（1）水平方向振动较大； （2）转速变化，振动改变； （3）振动频谱中 1 倍频振幅较大； （4）转速不变时振幅基本不变； （5）振动频谱呈枞树形； （6）时域波形为单一谐波	（1）检查转子是否存在不对中和松动等其他故障，并加以消除。 （2）检查结垢情况。 （3）如果振动仍然超标，应进行动平衡
2	轴弯曲	（1）同质量不平衡； （2）转速较低时振动较大； （3）转速增加，振动变化不明显	（1）当转子初始弯曲较小时，进行现场动平衡。 （2）当转子初始弯曲较大时，应进行校正
3	叶片腐蚀	（1）同质量不平衡； （1）转速不变时振幅逐渐变化； （2）过临界转速时 1 倍频振幅增大	（1）进行清洗和检查，必要时更换叶片并进行动平衡
4	不对中	（1）轴向振动较大； （2）振动与负荷变化有关； （3）联轴节两侧振动较大； （4）振动频谱中二倍频振幅较大	（1）检查基础是否不均匀下沉。 （2）检查联轴节端面瓢偏和晃度是否合格
5	联轴器损坏	（1）联轴节两侧振动较大； （2）负荷变化，振动跳跃变化	（1）更换联轴器

续表

序号	故障类型	故 障 特 征	检查维修建议
6	动静碰摩	（1）转速不变时振幅波动较大； （2）转速不变时振幅逐渐变化； （3）转速不变时振幅迅速增大； （4）转速不变时振幅周期性变化； （5）振动频谱丰富； （6）振动频谱中1/2倍频较大； （7）振动频谱中小于0.35倍频的低频分量较大	（1）检查轴系平衡、对中状况是否符合要求。 （2）检查轴系的稳定性是否良好。 （3）检查和调整动静间隙
7	松动	（1）振动频谱中高频成分较大； （2）时域波形有跳跃现象； （3）轴承振动与轴相对振动相差较小； （4）轴承座垂直方向振动相差较大； （5）轴承座同一结合面四周振动相差较大； （6）振动频谱以奇次谐波为主	（1）检查联接件紧力是否不均匀或已松开。 （2）检查基础有无裂纹，强度是否合格
8	基础刚性不足	（1）基础振幅较大； （2）垂直方向振动较大； （3）振动频谱中1倍频较大； （4）轴承与基础振动相差较小	（1）检查地脚螺栓和基础是否发生松动，对发生较大振动的基础部位进行加固。 （2）转子进行高速动平衡
9	共振	（1）转速变化不大振动迅速增加； （2）以1倍频为主	（1）对基础进行加固。 （2）对转子进行高速动平衡